使いこなしてる?

うか

マガジンハウス

スマホを見直そう！

わたしにとって、スマホが当たり前になって10年くらいが経ちます。毎日の生活や友人との連絡はもちろん、動画やマンガまで、ひとつでマルチにこなすすごいやつ。

大げさかもしれませんが、スマホがなければわたしはイラストレーターにだってなっていなかったかもしれません。出版社を訪問するのだってマップアプリと電車乗り換え案内がなければ、上手にたどり着ける自信がないという現代っ子に育ってしまいました。

スマホのなかった時代、どうやって待ち合わせしてたんだっけ……！　そんなときもあったはずなのに、もうその感覚を思い出すことができないくらいに時間が経ちました。

きっとこの先の10年後はもっともっと便利に、わたしたちの生活により深く関わるスマホになっていくのだろうと未来

にワクワクする反面、その進化の速さのめまぐるしさと、生活に常にまとわりつくことに、少しだけ疲れてしまうこともあったり。

このマンガは、最前線で活躍する皆さんがどうやってスマートフォンを有効活用し、日々に生かしているのかを聞いて、学んで考える主人公の物語です。

得するだけじゃなくて、
損することだってあるスマホ。

わたしたちの生活を思っている以上に変えてしまうその不思議なツールを、主人公と一緒に見直してもらえたらうれしいです。

目次

チュン
まぶし…
むぅ〜
チュン
オハヨーゴザイマスー
ん〜
もそ
もそ
ピピピピ
ピ
OFF
6:00
ん〜
そろそろ起きるか〜
……
げっ
ガバッ
パッ
9:00
0月0日0

やばっ
今日打ち合わせあるんだ
えーと何着よっ
バタバタ
ひー
えーと今日どこ行くんだっけ
午前M社でプレゼンして午後は神田のシェアオフィスか〜とにかく地図調べなきゃ
はっ
△△△駅ドアが閉まり…
ヤバッ！
ボトッ
あ、スマホ落としたー
ゾロゾロ

ゾロ
ゾロ
!?
バキッ
プシューーッ
ウソでしょ

ううううう〜〜〜
……完っ全に
ダメだこりゃ
すぐ買い替えなきゃ
使い物にならんー
どうしよう(涙)
シェアオフィス
ショックぅ〜
…
げっ、スゲー割れ方
となり座ろ
それもう終わりだなー
古かったし、ちょうど
いいんじゃない？
同じシェアオフィスを利用しているフリーのデザイナー
はぁぁ…これ結構
気に入ってたのにな〜
サイズ感とか
新しいスマホに
慣れると
忘れるもんだよ
あきらめて
新しくしな
うーー仕方ない
スマホって
今いくらくらいなの…
？

100,000円
!?
たっか!
!?
こ…こんなに!?
いやー
よ、よく街中の若い子買えるよね…
中古の人もいるだろうけど若い世代にとってSNSとかなくてはならない必需品だからそんな高く感じないらしいぜ?
でも気がついたら充電ってすぐ減り早くなるし、家電と違って2～3年で買い換えるとしたら…
うーむ

60歳からはシニア携帯にするとしても15〜60歳で45年…！
3年ごとに替えたら人生で15回の機種変
10万×15回で……
150万円!?
機種代だけで通信費入れたらどうなっちゃうワケ？
もしくはもっと高くなる
可能性も!?
まぁ
安いスマホをうまく選べばいいと思うが
いや、というか…
一生買わなきゃいけないなくせない壊せないことにスマホの呪縛を感じる！
バカ言え
5世代!!
これから5G時代が来るんだぞ！「超高速大容量&超低遅延」（↓詳しくはP97）
何言ってんだよ
なんだそれ
5Gになったらいろんなモノが通信につながって自分たちの生活に密接してくる
将来的にはスマホという形も大きく変わる！
自動運転
レジを通さず買いもの
メガネ風とか

通信も機種も進化して
時代が激変してんのに
スマホをケチって
出遅れるようじゃ
あきらかに自分だけ
時代に取り残されて
逆に
損するぜ!!
ガーん!!
人生の
損失!?
実際
コンビニとか
電子決済のほうが
お得だったり
企業も必死に
追いつこうとしてるし
〈ファミペイ〉の場合
通常200円につき
1円分のポイント還元ほか
対象商品の割引も実施
＊2019年9月時点
んー
便利だけど
難しい時代に
生まれてきてしまった
ムムムムム
まぁ、何にせよ
どうせ一生付き合う
かもしれないなら

これを機に一度
向き合ってみるのも
いいんじゃない？
スマホという
小さくて身近な道具が
味方にもなったり
ときには不自由さも
感じるものでもあるんだし
「スマホと
向き合う」か…
どういうこと？
いろんな機種を
知れってこと？
うーん
MOBILE
それとも
アプリの
達人に？
新しいものを
買った
うーん
ひよこ
……
？
スマホの
幻？
よっす
明日あいつに
もうちょい
聞いてみるか
無視
おやすみー

よう！ 新しいスマホ買った？
結局同じメーカーの最新機種
あとなんかへんな呪いみたいのに…
ふーん
いいんじゃね？
呪い？
ねえ、スマホと向き合うっていったい全体どゆこと？
もー わからんが聞く
だって毎日さずっーと触ってるし溶け込みすぎて今さら向き合う必要もない気がして……
溶け込むってどういうふうに使ってるの？
えーみんなと変わらないよ？
LINEとツイッターカメラに、あとネット検索とか天気予報チェックしてニュース読んだり～

移動中のゲームに
寝る前は
動画見て眠れなくなる
あ、ひとりでご飯食べるときも見逃したドラマとかアニメ見てるわ
……ってな感じ？
あれ？これ使いこなしてる？？
なんか寂しい社会人の1日を聞いてしまった気分だわ
なんかごめん
…しかしお前全然使えてないな
ズーーーン
うそ！だいたいみんなこんなモンでしょ。むしろ使ってたらSNSに時間取られるだけ!!テキトーよこんなの
…
まぁそういうならちょっとオレの周りの人紹介するから一度会って話聞いてきなよ
何か役立つことあるかもよ？

んでオレにも
得すること
あったら教えて
えーっ
ひ
うまく
利用されてる!?
スマホってなんとなく
使えちゃうからこそ
性格が出そうじゃない?
人のスマホ
のぞかせてもらって
自分に活かす!
とか面白いんじゃない?
んでブログの
ネタにしなよ
……
うーん
答え次第では
ガラケーに
戻すわ
極端だなぁ…
うんやる

1章

スマホの効率を上げたい！

まずひとり目
中目黒のコワーキングスペース
よくわからんがこのスマホのおばけの呪いを解くにはこいつを攻略せねば
目的が変わっている
堀口英剛さん
ガジェット系ブロガー
「モノグラフ」というブログを立ち上げ月間70万PV達成
personal mono magazine
monograph
Gadget
House
Photo
Life
NO.1 FEATURE
株式会社drip代表取締役
ガジェット系の情報通！
ブロガーとしてスマホの使い方とかきっといい情報があるはず
って言ってたけど
はじめましてこんにちは
お待ちしてました
イケメン…!!

堀口英剛さんのスマホ画面

スマホは徹底的に効率を生み出す相棒！

1日1回開くアプリはフォルダに入れない。押しやすいのは下のほう。使用頻度の高いアプリは下に配置している。

逆L字でフォルダを配置。なんと壁紙をオリジナルで作成！（堀口さんのサイト「モノグラフ」で無料配布中／iOSのみ）

!!
これは!!
1画面で完結してるし「FOLDER」と「EVERYDAY」で分けられてるのは??
めちゃくちゃシンプルでわかりやすいー!!
瞬時に探せるよう背景素材を作ったんです
主に毎日使うものはアイコンのままで
時々使うくらいのはフォルダに入れてます
iPhoneではアプリを重ねるとフォルダになる
フム
主なフォルダ分け
ブログやSNS、ネタ系
名刺管理やデータ共有
決済や銀行アプリ
エンタメが詰まったもの

今周りと一番かぶるのがiPhoneですが
個性が出るのは「中身」ですよね
スマホ画面ってその人の好みや考え方が思いっきり反映されると思ってます
ほぼゲームと動画の人
はー
なるほど・
天気予報や乗換案内なんかは当たり前に使ってますが
YAHOO! JAPAN
これを見て朝一服装を決めてます
スマホのいいところは日常の習慣を管理してくれることですかね
目標
3DAY
2DAY
1DAY
これ、よく使ってますHabitifyっていう習慣化アプリ

たとえば毎日
日課にしたいことを
設定して
□ヨガをする
達成できたら
チェックを入れます
そうするとグラフに
なって達成度を可視化
してくれるんです
ヨガをする
編集
進捗
メモ
8
現在の連続記録
4/7
今週の成果
2019年6月
月間
未達成
スキップ
達成!
・・・
どうしました?
いや、意識の高さに
めまいが……
いやいや
そんなに
高いことじゃ
ないですよ
筋トレとか読書とか
自分が楽しいことで
いいんです
ひと目でわかると
励みになって、自信が
つくようにもなります
30
本はやっぱり
電子書籍
とかですか?
わたしまだ紙以外不慣れで
でも毎日読むとしたら
なかなかかさばりそう
ですよね

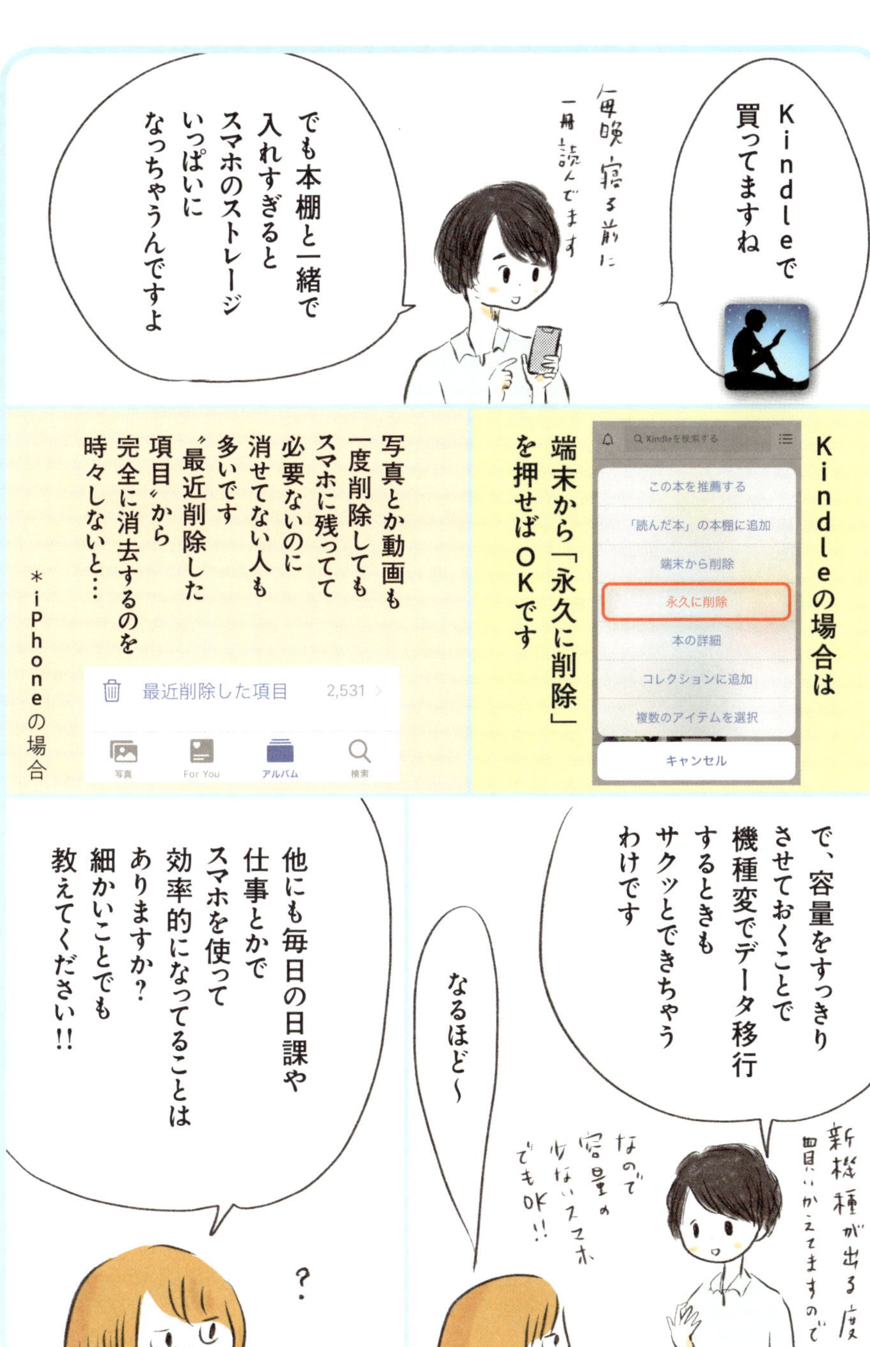
Kindleで
買ってますね
毎晩寝る前に
一冊読んでます
でも本棚と一緒で
入れすぎると
スマホのストレージ
いっぱいに
なっちゃうんですよ
Kindleの場合は
端末から「永久に削除」
を押せばOKです
この本を推薦する
「読んだ本」の本棚に追加
端末から削除
永久に削除
本の詳細
コレクションに追加
複数のアイテムを選択
キャンセル
写真とか動画も
一度削除しても
スマホに残ってて
必要ないのに
消せてない人も
多いです
〝最近削除した
項目〟から
完全に消去するのを
時々しないと…
＊iPhoneの場合
最近削除した項目
2,531
写真
For You
アルバム
検索
で、容量をすっきり
させておくことで
機種変でデータ移行
するときも
サクッとできちゃう
わけです
新機種が出る度
買いかえてますので
なので
容量の
少ないスマホ
でもOK!!
なるほど〜
他にも毎日の日課や
仕事とかで
スマホを使って
効率的になってることは
ありますか？
細かいことでも
教えてください!!
？

予定管理は仲間と共有しやすいGoogleカレンダーメモは、検索に便利なEvernoteが必須かな
31
主にPCで作業してクラウド保存しておき移動中にスマホでチェックします
クラウド
作業
確認
PC
これからはどこでも仕事場になる時代ですしスマホで原稿書いたりするライターさんとかも珍しくないですよ
スマホだけは大変そう…
片手で文字打つの大変じゃないですか？
初期設定のは少し使いづらいですが、Gboardというキーボードアプリが注目されていますグーグルのアプリですが入力したワードをそのまま検索できたり背景も変えられますよ
使い勝手いいですよ
え
キーボードって変えられるんだ
設定ひとつでこんなに早くなるとは！
あ、あとこれも地味に活用してます
うわかわいい!!何ですか？

Bear Focus Timerというアプリで
設定したらその時間スマホは操作できなくなります
しかもスマホの画面を上に向けて「見ている状態」だと、時間が進まないので…
裏返しに置きます
このまま30分
ついつい仕事中にSNSとか見てしまわないように
こういったアプリで自分を管理して仕事の効率をキープしています
ちなみにスマホを見るとクマが怒り顔になるので頑張れます（笑）
2:54
な、なるほど…
昔っから何かに追われるといつのまにかサボってしまう私にはぴったりだな……
受験勉強中
1時間経過
スマホに逃避したまま

何よりもスマートリモコンがすごいのは自分でシーンを設定すればそれにまつわる動作を一元化してくれることです

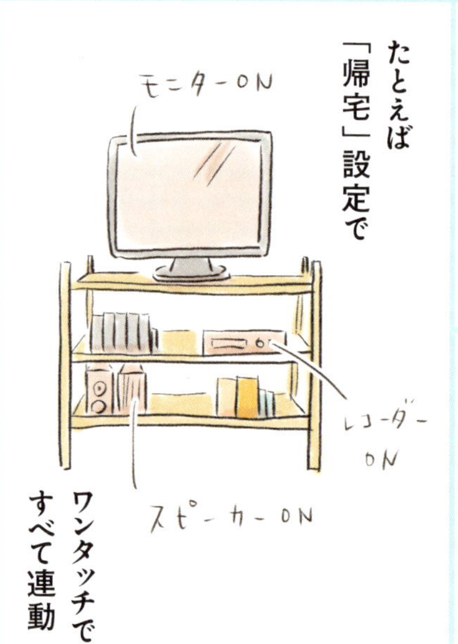

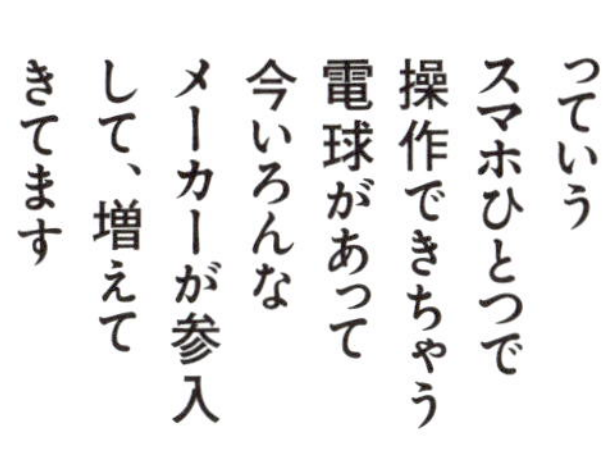

「スマート照明」っていうスマホひとつで操作できちゃう電球があって今いろんなメーカーが参入して、増えてきてます

僕はPhilips Hueを使ってるんですが専用アプリでどこにいても電気のオンオフができるのはもちろんタイマーや調光など明かりを自在に管理

家で仕事したり本を読むときはアプリでホワイト系の明かりにして集中力を高める部屋に変えて

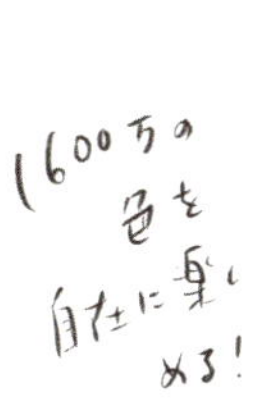

くつろぎたいときは暖色系の色にしてます
照明の色だけでメリハリがつくのでいいですよ
電気の色って意外と大事なんですよね、
スマホが全部のリモコンになるんですかー
へ〜いいな〜
リモコンすぐなくす私にはめっちゃいいかも♫
そもそもなくすなっ
僕も元々のリモコンは押入れ行きになってます
なくしませんが
アハハハ
うーん
でも操作とか難しそうですけど
ゴニョ
ゴニョ
ちょっと全部オートでやってくんない？
ケチっ
操作といえば…
もうやってる人もいますけど声だけで家中の家電を動かすこともできますCMなんかで見たことありません？
声で操作って一番ラクですよね
最近増えつつありますね

…あー
そういや
CMとかで
やってるようなて
今イチわかりませんが
いわゆる
家の
スマートホーム化
ってやつですね
いずれスマートスピーカーと
家中のモノが連動して
声などで、すべての操作が誰でも
当たり前にできるように
なっていくんじゃないかな
テレビ
ON!!
エアコン
ON
20XX年のリビング
少しずつ快適に
なるように
設定してくのは
ワクワクしますね
ニコニコ
あ
楽しそう!!

よう
どうだった？
しっかり考えて
スマホ使ってた
マンガ
ゲーム
好きらしい
けど
何かが違う
泣いてる！
知ってるか君
これからの
時代は
スマートホーム
だぜ！
5Gに
なるしな
スチャ
受け売り感
はんぱないな
スマホの使い方
聞きにいったのに
気づいたら
生活とか仕事の話に
なってた
いつのまにか
それくらい
スマホを
使いこなして
自分と密着させて
るんだなー
んー
アニメと
ゲーム
ばかりは
もったいない気も
ほーう

まとめ

①
まずはスマホで使っている機能・アプリのうち、毎日使うもの&時々使うものを整理してみる

②
自分の理想を思い浮かべてスマホで管理できないかアプリを探してみる！
（P21〜25）

③
仕事も暮らしもスマホで快適にできることはないかとにかくトライする

格安SIMってなに？

MVNOが提供している料金重視の通信サービス

大手通信キャリア（docomo、au、Softbank）から回線を借りることによって、自社で通信設備を整えるコストをなくし、店舗運営、人件費、広告費も抑えているため、格安の通信料で提供できるのがMVNO（仮想移動体通信業者）。３大キャリアに対し、1/3程度に抑えたシンプルな料金プランが魅力でシェアを広げています。

1年間にかかるスマホ代の違い

3大キャリア（docomoの例）	格安SIM（U-mobileの例）
ネット接続 300円（SPモード）	0円
パケット 5,000円（5GB）	0円
基本料金 980円（シンプルプラン）	基本料金 1,980円（通話プラス5GB）
6,280円／月	**1,980円／月**

年間51,600円も節約！

docomoは定期契約なしも選べるが、そうするとさらに月額1500円アップと複雑なプラン（通話料は、それぞれ実費がかかるため計算外）。

安いだけで落とし穴は…？ メリットとデメリット

最大のメリットは格安料金ですが、使っている電話番号をMNPで引き継げ、違約金が発生する最低利用期間が短いことも利点。ただ実店舗のサポートがなく、キャリアメール（@docomo.ne.jpなど）もなし、LINEのID検索ができません。またネットの速度が落ちやすいため、動画やゲームなど、データ使用が多い人は注意。

格安SIMは種類がいっぱい！ 回線の業者と質を見極めよう

一般的なスマホのように、通話もネットも使える「音声SIM」、ネットのみ利用の「データSIM」の２種類から自分に合ったものを選びます。また、MVNOや混雑状況などによって、通話、通信スピードの評価が分かれており、計測比較をしているサイトも参考にするとよいでしょう。

MVNOの回線キャリア一覧

回線	MVNO
docomoの回線	楽天モバイル、OCNモバイルONE、IIJmio、U-mobile、BIGLOBEなど
auの回線	UQ mobile、mineo、J:COM MOBILEなど
softbankの回線	Y!mobile、U-mobile、b-mobileなど

借り受けているキャリアによって通話やネットの品質も異なる！

2章

スマホで生活をラクにしたい！

お次は整理収納アドバイザーである飯島彩香さん
インスタ@aya.jima
著書に『スマホひとつで暮らしたい』（KADOKAWA）
まさしく理想的なスマホ活用をした新時代ミニマリスト
スマホ
ひとつで
暮らしたい
飯島さんのブログ
スマホをかしこく使う人ってライフスタイルもスマートな気がする…
一方私なんて
何着てこう
服の整理もできん
ゴチャー
というか家事全般がダメ!!
服がシワくちゃ
いつも洗剤を買い忘れて洗い物ができない
洗濯物がたまる一方
生きづらい
飲みかけのビンとナベとか
貯金ができない
100万円
ポイントカードが散乱!!
ほぼ魔窟のため開けたくない

スマホひとつで
暮らすなんて
夢のまた夢だわ
あ、公共料金
支払わなきゃ
ペイで支払います
…
電子決済
増えたな〜
台湾
行ったときは
みんな
LINE Pay
使ってたから
一応登録は
したけど
使ってない…
あ"
あっ、やば
こんな時間
料金支払い
あとあと!!
約束の
時間に
遅れるわ
こんにちは
はじめまして
飯島彩香
です
よろしく
お願いします

飯島彩香さんのスマホ画面
1画面ですべてを把握してウィジェットも活用！

メイン画面

使用頻度ごとに配置。

カテゴリ名をつけてフォルダ分けで探しやすく。

ウィジェット

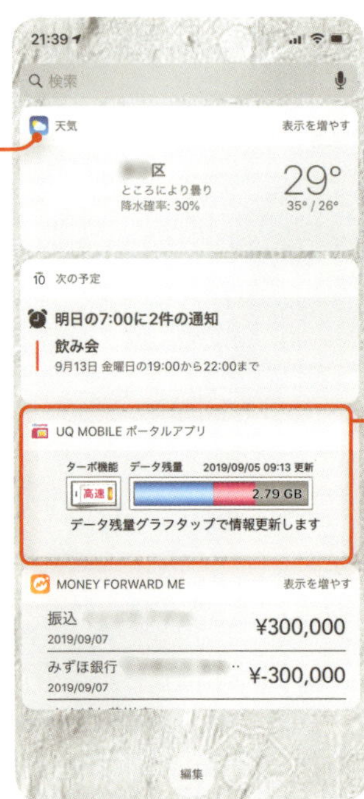

ホーム画面上で知りたい情報をサッと確認できるウィジェット。

①天気
②カレンダー
③データ残量（UQモバイル）
④家計簿（マネーフォワード）

を設定。

自分が使うデータ通信量をチェックでき、使いすぎ防止に！

やっぱり1Pだ…
ワナ
ワナ
あの…
私のスマホ6画面もあるんです〜
みてくださいー
えっ
ほんとだー
アハハハ
片づけたーい!!
なんで
でしょ
片づけてほしい…
他力本願
このように私片づけられないんですよ
ええもうそりゃーひどいんです
家事全般が苦手な私でもスマホだけで暮らせるようになりますか
片づけの基本はモノの量を見直すことから始まります
そうすると苦手な家事も少しずつラクになります

1年以内に使ったかどうかを基準に不要なモノは手放しましょう
お金に換えるならフリマアプリがおすすめですよ わたしはメルカリを使っています
へぇ
メルカリってトラブルとか面倒くさくないんですか？
（慣れたら1分でできます）
けっこう周りもやってますよ
匿名配送を使えば個人情報は守られるしコンビニに持っていくだけなので楽チンですよ
モノを減らしたら整理します
モノの住所を決めましょう
・同じシーンで使うモノはひとまとめにする
・収納ケースに入る量のみストック
日用品は「見える化」してストックしています
トイレットペーパー
ティッシュ
お風呂グッズ
洗剤
日用品は基本スマホでネット通販
在庫管理がラクです
なくなるとすぐわかるので

え
スマホで!?
ナゼ？
ほうほう!!
はい、そうなんです
シャンプーとか
地味に重いし
スマホでポチれば
買い忘れも防げます
あ
忘れた
レビューも
便利ですよ
掃除道具とか
使い勝手やコスパの
感想を読んで
「本当に良さそう！」
と思ったらその場で
購入していきます
ポイントもたまるし
ほうほう
つかぬことをお聞きしますが
ポイントって
お得なんですか？
お得です！
ポイ活
ポイント活動
そうか
お得なのか…
フッ
どうしました？
あのですね

世の中
ポイント
カード制ばかり
じゃないですか
しかも統一性はイマイチ!!
ポイントカードはお持ちですか？
ないです
ポイントカードありますかー？
えーと
2倍
本日
ポイント2倍デー
です!!
ないです
めくるめく
ポイントカード
地獄
ハーイ
ポイントないっス
全部カード
持ってたら一体
何枚になるの!?
カード専用
ファイル一冊
持ち運ぶくらいない？
わたしは
気まぐれに
買い物が
したい!!
…と思って
ポイント
あきらめた
人生を
選びました
一体いくらの
損失で
しょうか…
フフフ

ダメ！
ポイントカードが泣いてます！
ビクッ
スマホのアプリで管理すれば忘れることはありませんし
ポイントは1か所に集約すればたまります
あ、病院の診察券もアプリ管理できます
え？　診察券も!?
ですよー
EPARKデジタル診察券というアプリで診察券を撮影するだけ
病院情報が連携されて予約がスムーズになります
名前と診察券番号がわかればOK
＊ICチップが入った診察券などは対応していません
EPARK
なのでいつもおサイフは薄いです
スッキリ
ほんとだ…
私なんてレシートで大変なことになってるのに!!
フリーランスの定めかと…!!

あ
キャッシュレス
なんです私
主な支払いは
クレジットカードのみ
しかもそれを…
マネーフォワードという
家計簿アプリで
管理しているので
毎月の収支が
ひと目でわかるんです
2019年05月
(05/24〜06/24)
収入
支出
収支
収入
支出
中項目表示 OFF
住宅
保険
食費
銀行口座とも
連携しているので
現金はおろした
ランチ代をカテゴリ
修正するだけ！
ランチとかは
現金のみ
っていうお店が
多いので
950万円ね
950円ですね
なるほど
キャッシュレスの
メリットは
そんなところにも
レシートも
とっておく必要
なんてないんですね
確定申告にも
そのまま
使えそうで
今すぐやりたーい

生活費をキャッシュレスにするとお店のポイントだけでなくクレカのポイントもたまりますポイントの2重取り！
この前も
やったー♪
ポイントだけで冷蔵庫買いました
えーー
すごいポイントだけで
しっかり楽しんでいらっしゃる
そういえば
スマホ決済は使ってますか？
ん〜
今はクレカがメインですいずれは本当にスマホひとつで完結しそうですよね
私入金したんですが…
2万ほどずっと使えてなくてペイ貯金になってて（汗）
20,160円
ラインペイ
試しにしては…
けっこういい金額ですね
……
使いどころがわからなくてコンビニで払うのも恥ずかしくてなぜか
私はしてないけどコンビニ払いの公共料金もアプリだけで支払えるんじゃなかったかしら
支払い票があれば
え゛
今持ってます!!
コンビニ行かなくていいの?!

えーと
バーコード読みこんで…
ピロン
あ…
即できてしまった
コンビニ行く必要さえなくなった
ヘーポイントもたまるんですね
楽しそうし
たしかにキャッシュレスにすると何を購入したのか履歴もわかっていいですね
この調子で家計簿アプリもイケるかも…
そうそう家計簿ってつけただけで満足しちゃいがちだけど
そもそも
その結果を振り返ってみて分析することが大切でしょ？
家計簿できたー
さー映画見よー
わたしのことだ!!

お金の収支がはっきりわかるからこそ
これ買っちゃお〜♪
たまにゼイタク♪
自由に使っていい金額がわかるし、その予算の中でなら高価なモノを買おうが旅に行こうが不安にならずお金を使えます
そういえば飯島さんって旅好きでもあるんですよね
ブログ読みましたって
海外旅行いいなあって
そうなの!! スペインから帰ってきたばかりなのー
楽しかった〜
ためたマイルで旅行するのが好きなの荷物は減らしたいからガイドブックは持たずやっぱりスマホが頼り！
なるほどー!!
私も旅好きなんですけど
いちばん困るのが写真の整理！アルバムに分けたりしても増える一方で…

私はクラウドサービスを使ってますよ
どのデバイスでも見れますし
クラウド
ネット上に自分の倉庫を借りるみたいです
グーグルフォトなら容量無限で基本無料で使えます！
＊1枚の写真あたり75MBまで
顔認証機能を使うと…
探したい写真がすぐ見つかります
わーほんとだー
PCやハードディスクに入れておくよりずっと便利そう!!
いつでもネット環境があれば見れるのかー
とは言っても特別な思い出の写真はフォトブックに印刷して残すこともあります
アプリ上でコメント付でアルバムができるの
結婚式のアルバムを両親にプレゼントしたときはとっても喜ばれました
わーありがとー

いやー
めちゃくちゃ
勉強になりました
満足!!
これで私もスマホで
ミニマリストの
一歩を踏み出せ
そうです〜
いえいえ
お役に
立てたら
うれしいです
と
あとひとつ
モノを
減らして
整理したら
あと必要なのは
片づけや掃除の
習慣作り
が大事です
それが苦手なら
毎日のタスクを
スマホで
チェックする
なんてのもいいかも
なるほどねー
ああった!!
7画面になっちゃうけど
入れておこう!!
増やすんかい

まぁ、
まぁアプリのミニマリストには程遠いですけど
ごっちゃー
まずは…部屋の整理とフリマアプリかな
……
フム
スマホが家事してくれる未来はまだ？
自分でやれ!!
ふーんだ
まとめ
①
すっきり生活するためには、モノやアプリを減らして整理整頓！
②
日用品はネット購入。買う場所をしぼって、ポイントは効率的にためる
③
家計簿、診察券、写真……スマホで管理すれば、情報はいつでも手のひらに

スマホ決済の基本のき

登録しておけば財布ナシ! いいことずくめのスマホ決済

ここ数年、一気に普及しているのが◯◯ペイと呼ばれるスマホ決済サービス。財布を持たず、お釣りもなくスピーディ。現金よりお得なポイント還元もあるのが魅力です。海外のキャッシュレス化はカナダ55%、中国60%、韓国は89%と急拡大に対し、日本はまだ2割ほど。都心だけでなく、全国区での普及がますます期待されます。

どれを選べばいい? 3大スマホ決済なら安心

スマホ決済のうち、普及・利用率が圧倒的に高いのがPayPay、LINE Pay、楽天Payの3社。いずれも、利用者が増えているため、導入店舗が多くなっています。またポイント還元率だけで判断せず、自分が行くお店で使えたり、利用する機能がなければ意味がないので、事前にチェックしましょう。

スマホ決済サービス比較表

サービス名	通常還元率	チャージ
PayPay CMや大胆なキャンペーンが話題となり、利用者急増。	**1.5%** (PayPay残高、ヤフーカード以外は0%)	◯クレジットカード(ヤフーカードのみ) ◯銀行口座 ◯コンビニ
LINE Pay LINEと連携した、個人間送金が人気。使える導入店舗も多い。	**0.5~2%** (利用金額で変わる)	×クレジットカード ◯銀行口座 ◯コンビニ
楽天Pay 支払いは後払い方式のため、チャージなし。始めやすさ断トツ。	**0~5%** (還元事業含む、期間限定)	◯クレジットカード ×銀行口座 ×コンビニ

スマホひとつで簡単! キャッシュレスの始め方

使いたい決済のアプリをダウンロードして、ログイン登録して認証。画面にしたがって、支払い情報を登録するだけ。銀行口座やクレジットカードなどからスマホ操作でチャージする前払い(プリペイド)式が主流です。使い道は、店舗での支払いはもちろん、友人との割り勘など、送金もさっと済ませられて便利です。

スマホ写真を快適にするアプリ

無制限バックアップができる「Googleフォト」

スマホのアプリだけでなく、PCやタブレットからでもアクセスでき、写真の管理に最適。何より手放せない理由は、写真や動画のバックアップが無料で容量無制限でできること（スマホ端末の容量節約に）！また、地名や場所、キーワード検索もヒットしやすく、写真を探す時にとても便利です。加工機能も、フィルターやコラージュなど写真を楽しく編集できます。

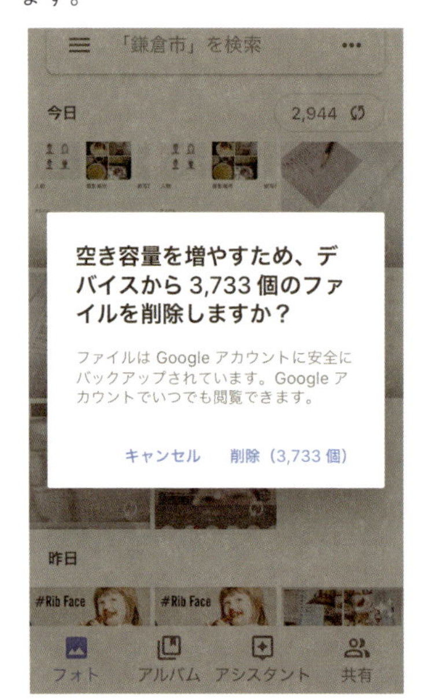

自動でバックアップを行ってくれ、［空き容量を増やす］をタップするだけで節約！

世界で3億人が使っている自撮りに特化の「Beauty Plus」

「自分の顔をキレイに撮りたい！」という人に向けた、自撮り専門カメラアプリ。クマを薄くしたり、ニキビを消したり、美白効果、顔型の美化など……細かな設定が人気で、自然な加工でかわいく仕上げてくれます。

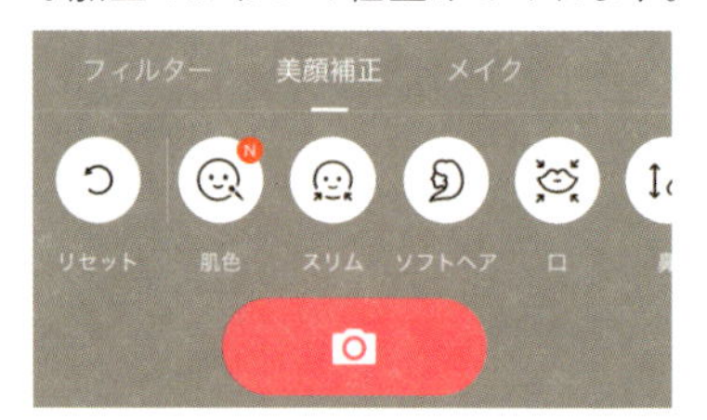

生活のためのカメラ「Foodie」は食べ物が得意！

「フレッシュ」「サクサク」「スウィート」など、食べ物に特化したフィルターを通して、よりおいしそうに、雰囲気よく撮影できるアプリ。自分で作った料理をSNSにアップする時や、レストランやカフェで出会ったとっておきの一皿を撮影する時に活躍します。画質を下げてよければ、シャッター音がしないサイレントモードもあります。

3章

スマホで未来を先取りしたい！

よう
どうよ
スマホ使いこなせてる?
相変わらずヒマそうだね
……
なんかさ
おう
いろんなアプリ探してみたけれど
自分に合うもの
アプリって星の数ほどない?
もう何が何やら
片っ端からダウンロードしてみたけど、使いこなせやしない
あぶねーなー
個人情報を漏洩するような不正アプリもあるから気をつけないと
i-phoneの審査は厳しいからそういうのは少ないと思うけど
公式サイトから出てるものか…とか
チェックしたりセキュリティソフトも入れておくとか…
ひぃっ
おそろしい!!

とりあえずあやしそうなの消しとこ
もう手遅れかもしれないけど…
不当請求には気をつけろよ
お前けっこうそそっかしいからな
やっぱ信頼できる人の情報が一番ね!!
スチャッ
いってくる
どこへ？
今日は最新のテクノロジーに詳しそうな人にねほりはほり聞いてくるわ
ツイッターで見つけた池澤あやかさん
え゛
マジ!?
タレントじゃん!!
おれも会いてー
池澤あやかさん
タレント兼エンジニアとして活躍中
NHK「趣味どきっ！」にてスマホを教える講師役として出演
Twitter @ikeay

池澤あやかさんのスマホ画面
気になるアプリはどんどん試す！

1画面目

使用頻度の高いアプリばかり。電話はそこまでしないので上端で。

フォルダ名は、「動詞」で瞬時にわかるように。

2画面目

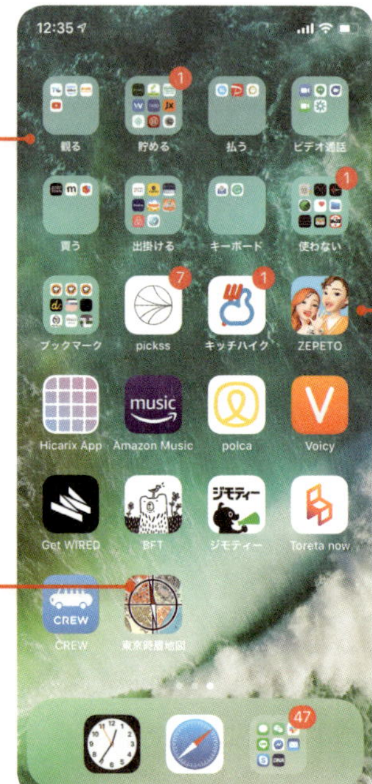

2画面目は、気になったアプリを頻繁にダウンロードするので、整理が追いつかないとか。

全体的に、サービス・体験を提供してくれるアプリに注目。

「東京時層地図」。新しいモノだけでなく、古き世界も魅力的。

おおっ
初の2画面
そして2台持ち
なんですね
さすがエンジニアさんだ
何か使い分けてるんですか？
新しいアプリやガジェットはすぐ使いたくなる性分なんです
エヘヘ
Pixel
iPhone
iPhoneがメイン機ですがSNSとか仕事の通知が多いので…
サブ機のGoogleピクセルは、カメラとか純粋に技術を楽しんでます
へー！
最近面白いなと思ったアプリとかありますか!?
いまいろいろ勉強中でして!!
うーん 常に新しいのが出たらチェックしてますが
結構前からあって、最近やるようになったんですがゼンリーですね
位置を共有できるアプリで

登録してる友人らの
今いる位置がすぐわかります
東京
こ… 個人情報ダダ漏れじゃないですか!! これって
あー今移動してますね
友達だけねっ
他人には見えません
10代とか若い子にかなり浸透してるらしいですよ
最初はわたしも少し抵抗がありましたが
ゼンリーで待ち合わせ
おまたせー
これほど人気の理由が気になっていざやってみると近くに友人がいて「あ、近くだからお茶しない?」なんて急に会えたりして純粋にうれしいです
あ、近いー
なんか新しい…
マッチングアプリも流行ってるし人とのつながり方が変わってきたというか
つまりワタシはなかなか古い人間…?
あーマッチングアプリとはまた違いますが
キッチハイクという食べ歩きアプリ!

食べることが
好きな人同士が
集まれるグルメ
アプリなんです
わたしはまだ
行ってないんですが
食べる人（HIKER）
参加
食べる会
お店や
キッチンスペース
企画
ピザつくるよー
料理する人（COOK）
え！　知らない
人とごはん!?
アプリ見てる
だけでも
楽しいん
ですが
毎月５００ほど
開催されていて
人気らしいです
１人じゃ行きにくい
店も行けたりして
へ〜
ホントだ
レポート記事もある
ちょっと安心
ウサギの
丸焼きを
食べる会
気になるな
それにしても
日本人て本当に
グルメというか
食が好きですね
たしかに…
食べログとか
ウーバーイーツ
もありますね
Uber
Eats
SNS以外も
人とつながる
アプリはもっと
増えそうです
婚活アプリだけじゃなく
もっと身近に
友だちづくりとか
地方から
上京した
１人暮らしの人
とか友達作りに
良さそう

池澤さんはタレント業もされてるんですよね
しかも中学生のときから!!
これはよいぞ!!と思ったアプリはありますか?
タレントさん的に、ミーハー心でスミマセン!!
ん〜
たまに使うんですが
TV撮影とかは衣装がついたりするんですが
自前で用意するときはプロのスタイリストさんにコーディネイトしてもらえるpickssを使ってます
pickss
えっ
ぐぐっ
気に入ったら購入したり返品もできます
あと服ってコートとか案外かさばるので
冬物を
ダンボールで送る
月250円で保管
クリーニングもしてくれたり
アプリで一覧を写真で確認
最短翌日に戻ってくる
保管&管理できるサマリーポケットが便利

主菜をえらんでください
キムチ鍋
焼きとん
鉄火丼
かにたま
チェンジ
あと毎日の献立を考えてくれて買い物リストまで作ってくれるタベリーでしょ
最短10分後に店の予約がとれるToreta nowもいいですよ
映画好きならFilmarksとか
ペラ
ペラ
すごいアプリの女神!!
最先端すぎる
メモ
メモ
おいつかん
あ、すみません!!
ついつい夢中で
ハッ
いやいやそんなことないですよ
私の仲間のエンジニアのほうが
あのぅ……気になるのがそのアプリや情報ってどうやって手に入れてます？
雑誌？
ネット？
目に入ったものから全てって
職業柄TechFeedというテクノロジー系情報プラットフォームはよくチェックしてますね
世界のエンジニアの最新情報があるので
でもマニアックか…あ、いいのがある！

GoogleアプリのDiscover機能というのがあって検索履歴や
興味に合わせて最適な情報が表示されます
Google
カリスマホスト・ROLANDさんプロデュースのタピオカ店開店 朝から長蛇…
私の場合はガジェットやアプリ新情報をあらゆるメディアから厳選してくれます
場合によっては古くても人気がある記事も見れます
例えば
ごはん系
iphone系
プログラミング
タップすると より多くの関連情報が見れます
いちいち各サイトをブックマークしてチェックしなくても自分に必要な記事をまとめて閲覧できていいですよ
RSSリーダーがわりに…
個人ブログも見れる
おぉう 有益っぽい情報がわんさか…
…。
どれどれ
ぬおっ
なぜ私がこれに興味あると知っている!?
なんかこわい
変なんだなぁ…

郵便はがき

料金受取人払郵便

銀座局承認

9422

差出有効期間
2021年1月3日
まで

※切手を貼らずに
お出しください

104-8790

627

東京都中央区銀座3-13-10

マガジンハウス
書籍編集部
愛読者係 行

ご住所	〒		
フリガナ		性別	男 ・ 女
お名前		年齢	歳
ご職業	1. 会社員（職種　） 2. 自営業（職種　） 3. 公務員（職種　） 4. 学生（中　高　高専　大学　専門） 5. 主婦 6. その他（　）		
電話		Eメール アドレス	

この度はご購読ありがとうございます。今後の出版物の参考とさせていただきますので、裏面のアンケートにお答えください。**抽選で毎月10名様に図書カード（1000円分）をお送りします。**当選の発表は発送をもって代えさせていただきます。

ご記入いただいたご住所、お名前、Eメールアドレスなどは書籍企画の参考、企画用アンケートの依頼、および商品情報の案内の目的にのみ使用するものとします。また、本書へのご感想に関しては、広告などに文面を掲載させていただく場合がございます。

❶お買い求めいただいた本のタイトル。

❷本書をお読みになった感想、よかったところを教えてください。

❸本書をお買い求めいただいた理由は何ですか？

●書店で見つけて　●知り合いから聞いて　●インターネットで見て

●新聞、雑誌広告を見て（新聞、雑誌名＝　）

●その他（　）

❹こんな本があったら絶対買うという本はどんなものでしょう？

❺最近読んでよかった本のタイトルを教えてください。

ご協力ありがとうございました。

あゞっ
ごめんなさい
ついつい
夢中になって
しまいました
いえいえ
大丈夫です
うっかりSNS
開いたら1時間は
見ちゃうんです…
仕事にも
支障が出まくり
なんですよね
アプリ以前の
問題というか
スマホゲームにハマると
本当に1日中奪われて
休日
このままで
おわることも
人生損してる
気がします!!
あ、スマホって
制限できますよ？
「デジタルウェルビーイング」
などと言うんですけど

ウェル…
??
スマホが普及する一方で
やはり実生活に
弊害が出てる人も多くて
ウェルビーイング
＝
健康で安心なこと
何となく
見てしまう
寝れなくて
スマホ
およそ
7割の人が
「テクノロジーと
実生活のバランスを
改善したい」と
考えているとか
改善
したい
フリーランスにも多いけど
休もうと思っても
休日も平日も
関係なしに
ついメールチェック
しちゃったりして
家族との時間を
奪われてしまったり
そのこと自体が
知らぬ間に
ストレスになったり…
真面目な人ほど
「スマホ中毒」に
なってる可能性が
高いかもですね
へー
そこで何の
アプリに
どのくらい
見たか
ひと目で
わかったり
使用時間を制限
できる機能が
コレです!!
スクリーンタイム
iPhone
1日当たり1時間36分
YouTube
設定
Chrome
Safari
Gmail
iphone
設定→スクリーンタイム
アンドロイド
デジタルウェルビーイング

スマホの有害さばかり目立つとユーザーが離れてしまいますしね
いい機能ですね
自分でコントロールするのが大切かー
フリーランスはとくに自分次第ってとこあるし
「自分にとって何が合うか」って、すごく大事ですよね
私エンジニアだからリモートワークできるけど
会社
自宅
朝起きて自宅で仕事するのがどうしてもできなくて
このシェアオフィスで仕事するほうがはかどるのでここに来てます
そうなんですか
わたしもシェアオフィスです
家だと寝ちゃうんで
ですよねー
メリハリつきますし
スマホも一緒かなって
自分でコントロールしながら自分にとっての快適を探していく点で

スマホと人との未来、まだまだこれからですね
まだ10年くらい？
進化し続けるモノ…
そうそう進化といえば
フォルダブルフォンが超楽しみです!!
液晶を折りたたむことができる
へ？
折りたためるスマホなんだけど海外ではもう発売してます
へ～スゴい！
スマホが小さくても画面大きくなるなんて…!!
時代が変わる！
そのうちSFみたいに空間に画面が出てきたり
あ
新しい未来を体感できるスマホはめちゃくちゃ楽しいですね
なんかわかります
といっても新しいものばかりじゃなくて、同時に古いものも好きです古地図とか銭湯とか
古地図アプリなんかもあります
銭湯!!

時々
来たくなるんだよなー銭湯
完全に人の影響を受けた
ブクブク
池澤さんステキな人だった
これです
この
ノッチ!!
あついガジェットのデザイン話
画面のノッチが許せないんです！内蔵してほしい!!
進化して未来の先行くスマホかな
新しいコトやモノもワクワクして楽しいけれど…
ポン
コーヒー牛乳
グビビ
カァ〜〜
あま
昔から築いてきたものを大事にしていくのも
大切なことだよねって改めて思っちゃうな！心身の健康のためにも!!

出会いも友人との距離感もスマホによって少しずつ変わっていくのねー
急になんだよ
未来ってホントわかんないわ数年後も全然違うんだろうなー
私の運命の相手も、このスマホの中にいるのかしら
ズ
なぬ？
ポ
いやいやこれ以上のスマホ中毒は
デジタルウェルビーイングよ!!
ブン
ブン
独り言にふりまわされた人
もう無視しよ
まとめ
① 自分にとって必要な情報を手に入れるための仕組みを作っておく
② 未来を先取りできる新しいサービスのアプリは気になったらダウンロードしてみる
③ デジタルウェルビーイングを上手に活用してスマホとの距離をコントロールする

4章

SNSで世界を広げたい！

♪
何、楽しそうにさぼってんの？
はっ
ツイッターとYouTubeを交互に行ったり来たり見てた…
ヤバイ もう半日終わってる
お前、全然学んでねぇな
だってユーチューバーとかたくさん面白い人いて次から次へと見ちゃうんだよー
ついついスマホ依存症になってしまう…
ハッ
私がインフルエンサーになればいいのか！
インプットよりアウトプットよ
どういう方程式？

というわけで本日はよろしくお願いします
ツイッター、インスタフォロワーが50人もいません
友だちもあまりいないので…
五十嵐豪さん
お待たせしました
わざわざ事務所まですみません
料理研究家
冷蔵庫に◯◯しかないときの料理を考案する「しかない料理天国」をTwitterやLINE、YouTubeなどで運営
たった1年でフォロワー約10万人を獲得されたんですよね!!
すごいです
生活とか仕事とか変わりました？
以前は対企業を中心に仕事をしていたのですが…フォロワーが増えると一般ユーザーに自分の料理がどう刺さってるか直にわかるようになりましたね

五十嵐豪さんのスマホ画面
仕事だけでなく趣味もスマホで楽しむ

1画面目

料理をおいしそうに見せる研究として、写真アプリはいろいろトライ。

2画面目

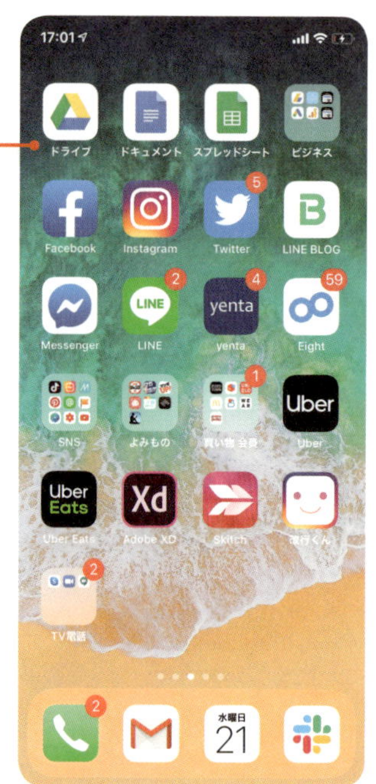

SNS関連はこちらに。ビジネス系の分析ツールアプリもいくつかチェックしている。

ギターやカラオケなど趣味のモノは、3画面目以降に。

あれ？
どうしました？
想像してたより楽しそうなアプリたちですね
もっとガチガチビジネスかと思ったら
趣味半分で仕事はチェックくらいだからかなー きっと
アハハハ
音楽好きなんでカラオケとかギターチューニングできるものとか
カラオケ画面で歌の練習ができる
流れてくる曲の名前を知れるアプリも
コードの楽譜もスマホですね
あと朝に瞑想するのでスポティファイで曲聞いたり
ズンズン
瞑想曲ってこんなロックでいいんですか？
いびきがすごいんで自分のいびきを録音できるアプリも
ズゴー
出会って10分で人のイビキを聞かされてる…

みんなと飲みにでかけた時ワインのラベルを撮影するだけでレビューを閲覧できるVivinoも盛り上がります
カンパイ写真をあつめてます
いいなー
五十嵐さんて友達が多そう
いやー そうですね
あとVR人狼会とか友人とやってます
ひとつのことに熱量のある人たちを集めた会をときどき企画するので知人友人は増えましたね！
幅が広い!!
仕事でも趣味でも一番使うのはSNSです
気軽に誘えるしリアルに会う機会もぐんと増えました
へー
仕事ではSNSはどう使うんですか？

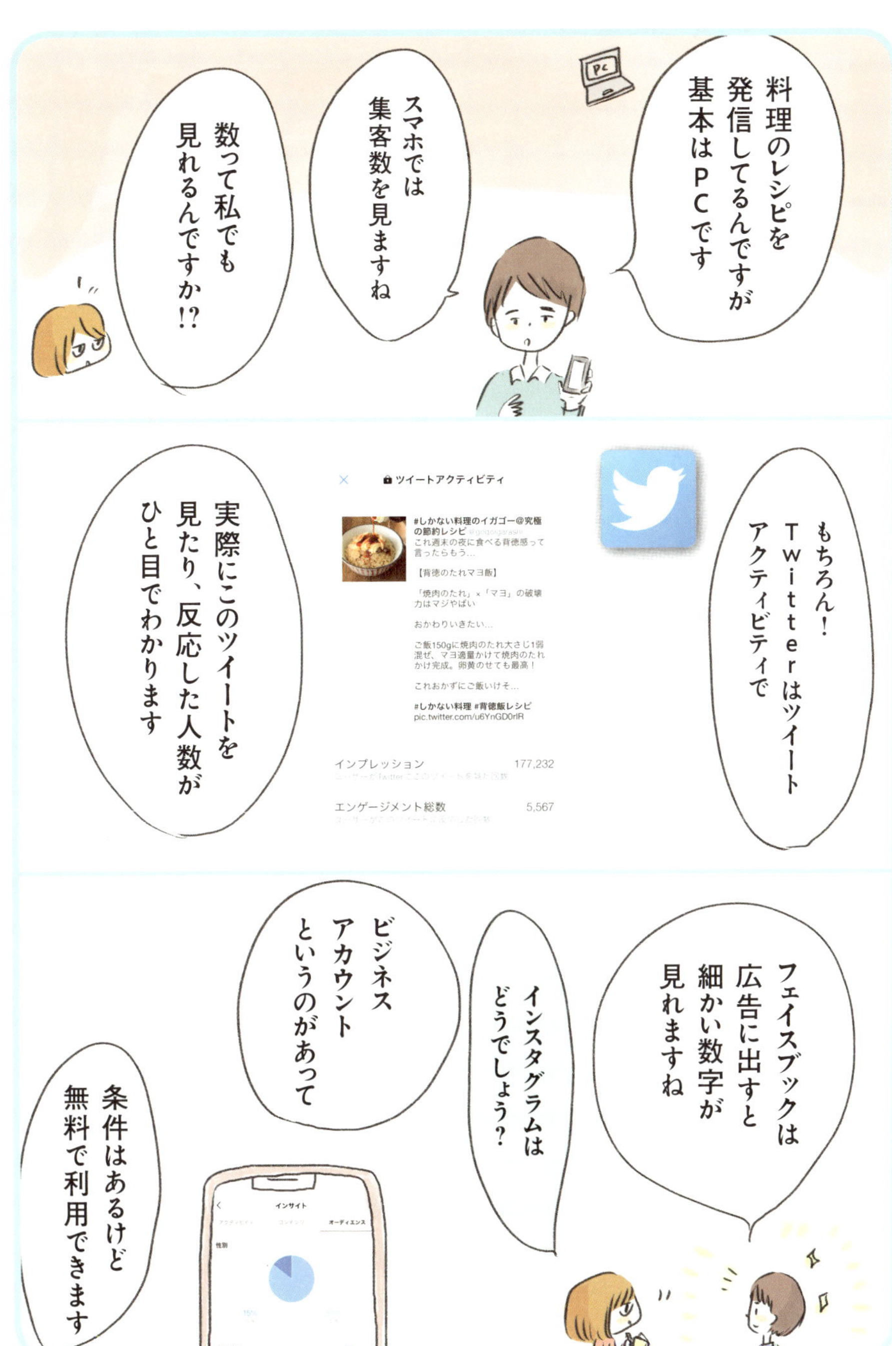
PC
料理のレシピを発信してるんですが基本はPCです
スマホでは集客数を見ますね
数って私でも見れるんですか!?
もちろん！Twitterはツイートアクティビティで
ツイートアクティビティ
#しかない料理のイガゴー@究極の節約レシピ
これ週末の夜に食べる背徳感って言ったらもう…
【背徳のたれマヨ飯】
「焼肉のたれ」×「マヨ」の破壊力はマジやばい
おかわりいきたい…
ご飯150gに焼肉のたれ大さじ1弱混ぜ、マヨ適量かけて焼肉のたれかけ完成。卵黄のせても最高！
これおかずにご飯いけそ…
#しかない料理 #背徳飯レシピ
pic.twitter.com/u6YnGD0rlR
インプレッション 177,232
エンゲージメント総数 5,567
実際にこのツイートを見たり、反応した人数がひと目でわかります
フェイスブックは広告に出すと細かい数字が見れますね
インスタグラムはどうでしょう？
ビジネスアカウントというのがあって
条件はあるけど無料で利用できます
インサイト
オーディエンス
性別
フォロワー

アップしたら どの世代・性別に どんな料理やレシピが ヒットするのか こまめにチェック するようにしてます
移動中
起床してすぐ
広告の反応が悪いときは、すぐに消して 次回への反省へと生かす
面白いくらい反応が すぐにわかるので 次のレシピに 反映したりして
みんなが 求めるものに こたえられる ように 続けていったら フォロワーが 増えていきました
ゴクリ
ちなみに
地道な 努力 ですね
できない気が します わたし
バズる 法則って ありますか!?
ズバリ
多少は
あります
ワタシ人生で 一度もバズって ません

トレンド性はやっぱし大事ですね
季節とか○○の日とかそれに合わせたネタを考えたり…
スイカの日にスイカレシピをUPしてバズりました
あとは自分を覚えてもらうために定期的に発信すること！
毎日更新や週1と決めておくのもありです
月 火 水 木 金 土 日
休 ○ 休 ○ ○ 休 休
あと、フォロワーを増やすのに
一番大事なのは…
なんだろ写真の撮り方!?文章のウマさとか!?
発信することを誰に喜んでもらいたいか
よ～くイメージすることです
それぞれに喜ばれるものを提供することですわ
ファミリー
ひとりぐらし
カップル

僕は食を通して「人との暮らしをもっと穏やかで創造的に」をモットーにしながら
食材が余ったりして困っちゃったなって人に向けて発信しています
じーん
ど、どうしましたか?
五十嵐さんめっちゃアツい人ですね
えっ急に!?
私SNS見ててもなーんとなくネットだけの世界くらいにしか思ってなかったのですが
五十嵐さんはスマホやSNSを味方にしてちゃんとリアルな人を見ていますよね
自分
スマホ
ネットの世界
自分
スマホ
人
人
人
いつか会えるかもしれない人たち

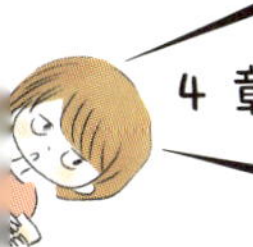

当たり前のこと
なんですがね
気軽に
インフルエンサーに
なる!! なんて
はずかしし
私も少し
意識してみて
いろんな人に
喜んでもらえる
発言や活動して
いかなきゃと
思いました
…
ちょっと大げさに
聞こえるかもですが
自分が死んだときに
残るものって
ほとんどないと思うんですよ
だからせめて僕は
人の中に残るような生き方をしたい

たくさんの人の心に残れるかもしれないSNSというモノが僕は好きですね
リアルで会えるきっかけになるかもしれない
またまた感化されてオレを飲みに誘ったのか
お前の友だちはオレしかいないのかっ
うぉ
そんで…
せめて私という存在を心の中にどうか置いてください

まとめ

① 見えない相手ではなく人とリアルにつながる手段としてSNSを利用していく

② 誰に向けて何を発信したいのかできる限り具体的にイメージしてみる

③ たくさんの人に見てほしいならSNSが提供している分析ツールを有効活用

音楽定額サービスの魅力

ダウンロードはもう古い!? 音楽は聴き放題の時代に

レコード、カセット、CDを経て、ネットやスマホで音楽を購入してすぐに再生できるようになりました。そして今、1曲ずつ購入してダウンロードするよりも、月額料金で聴き放題になる音楽ストリーミング配信サービスが躍進。全米の2018年データでは、音楽産業のなんと75%がストリーミングの売り上げに!

身軽に音楽を楽しむ! サブスク配信のいいところ

ストリーミングサービスは、ダウンロードしてスマホなどのデバイスにずっと保存するわけではないため、スマホの空き容量を気にせず済みます。そして定額会員（サブスクリプション）でいれば、いつでもどこでも音楽に自由にアクセスできるのが最大のメリット。また何千万曲と配信されているなか、好みの曲をおすすめしてくれる機能で、自分の知らなかった音楽に出会えることも!

今人気の6社はコレ! 配信サービスを選ぶポイント

代表的な配信サービスは、以下の通り。配信曲数や料金など基本情報をベースにしつつ、強みの音楽ジャンルや音質、歌詞機能などもチェックしてみましょう。

代表的な音楽定額配信サービス

サービス名	月額	曲数／音質	お試し
Apple Music	980円	5000万 最大256kbps	3か月
LINE MUSIC	500～960円 （年9600円）	5000万 最大320kbps	3か月
Amazon Music Unlimited	980円 （プライム会員780円）	6500万 最大256kbps	30日間
AWA	960円 （年9600円）	5000万 最大320kbps	3か月
Spotify	980円	4000万 最大320kbps	30日間
Google Play Music	980円	4000万 最大320kbps	30日間

まずは無料のお試し期間で、
使い勝手などを確認してみて!

5章

スマホを見直したい!

すごい人見つけた
お前
この人と会って
きてよ！
アポ取ったから
急に!?
だってこの人
スマホだけで
アメリカ行ってる
動画が……
えっ？
嘘でしょ
何の人？
プロ無職
らしいんだ
待って理解不能
スマホ1台旅とは
名前の通り
スマホ1台だけで
飛行機も宿も
買い物もタクシーも
全部手配
もちろん
キャッシュレスで
身軽を極めた歩き方
そんな旅企画をしたのが…
HOTEL

SNSやメディアで
「プロ無職」と名乗る
るってぃさん
多様な働き方と
ライフスタイルを
自身のウェブやSNSで
発信している
「働かないは21世紀の人生戦略」
をモットーにして注目を浴びる
スマホ1台で
…
すごい人だね
な？
この人の
スマホの
なかみ
見せてもらって
きてよ
プロで無職と
言いながら
「働き方を提唱」って
とんがり
まくってて
わからない
興味本位だけで
スマホのなかみを
見にきたけど…
コワーキングスペースで
待ち合わせ

おぉ
ステキな絵〜
部屋にかざりたい〜
僕が描いたんですそれ
!!
こんにちは
はじめましてるってぃです
名刺です
絵も書くんですね
おお無職なのに名刺が〜
失礼
この名刺透明!? そして…
メールも電話番号も書いてない!
プロ無職
無色透明……何者にもならない何色にも染まらないという意味でデザインしたんです
電話は

基本LINE公式アカウントで連絡をもらうんで教えなくていいんです
電話かかってこないっス
ズーーー
いいな
電話キライ
メールって何度もやりとりするの面倒ですよね
たしかに！「お世話になっております」疲れる…
なのでナシにしました
なるほど
無職ですし
クライアントとの電話は一切ないんですねー
電話かかってこないです
あそこに座りますか
あ、ハイ

打ち合わせも最低限です
片道一時間かけて…って
ほどの内容あまりないので
Googleハングアウトとかappear.in（アピアーイン）とかネット会議アプリを使ってます
仲良い友達とかムダ話の電話はむしろいいかなーと思うけど
本来の電話機能に
一周回って戻ってきてる…
あの、スマホひとつでアメリカや中国に行った話をうかがいたくて…
るってぃさんのスマホのなかみ見せてもらえませんか？
動画で見ました
もちろん！大したもの入ってませんけど

るってぃさんのスマホ画面 必要最低限の機能にとどめて スマホにしばられない！

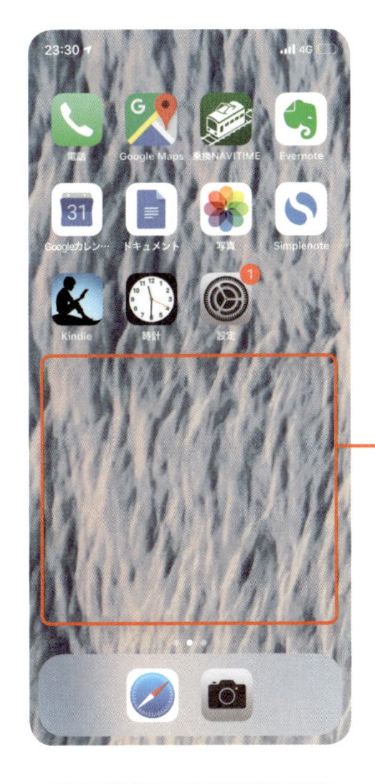

常に半分以上の余白を作るのが、るってぃさん流。

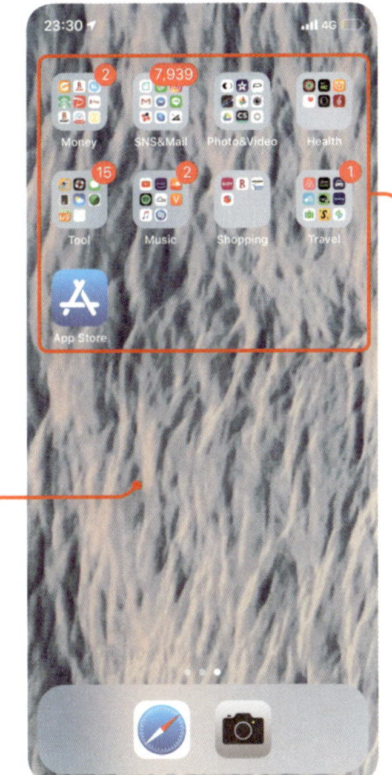

支払いや買い物など、基本的な生活に必要なアプリはこちらに集約。

背景の壁紙はロシアで撮った海を設定している（波の写真を撮るのにハマっているそう）。

えっ!? なんか少ない?
カラッ カラッ
じゃんけ
スマホ1台で旅に出たときもこんな感じだったんですか?
んーそんなもんですねえ
まず普通に飛行機と宿は日本でチケットレスで予約をして
行き先の国のタクシーアプリは入れておいて基本タクシー移動
必要なものはクレカ登録したApple Payでスマホかざすだけ
全部スマホ1台
スゴイ!
どんな旅でした?
えーと
センボウのマナザシ
病みました
へらっ
!!

都心部しか キャッシュレス 使えなかったんで
つまんないですよ ずっと宿で 引きこもり
あとふつうに 栄養かたよって 風邪ひきました
う…
2017年で まだ少し 早かったのかも
今の日本なら コンビニ あれば楽勝かな
この企画 旅する日本人の 荷物の多さを 見直したくて やったんです
…
観光客とバレバレ
盗難とか 犯罪に 狙われやすい ですから とても
22歳の時に NYに留学して そこでいろいろ 価値観がひっくり 返りました
そのとき 荷物多くて 狙われました
日本人＝ルールを守る NY＝ルールをつくる んだーとか 価値観かわりましたね
それから一般企業 に就職したけど 10か月で辞めて… そん時はスマホ 使ってなかったな
営業マンでした
え？
その2年後に スマホだけで 旅に出ちゃった んですか!?
スマホ 使って 2年…？
そういうこと になりますね

るってぃさんって
スマホのこと
めっちゃ信用
してるんですね
まさに
無敵の相棒
なんですかね
あ、いや逆です
スマホ、全っ然
信じてないっす！
カンペキなものとは
思っていないんですよね
?
むしろ
疑ってます
一時フリーランスに
なりたての頃は
それこそ
スマホを徹底的に
使いこなそうとして
効率化を
突き詰めながら
仕事してた
んですが……
時給を
上げようと
うおー

なんか幸せ
薄くって
人間味
ないというか
スマホ1台旅も
結局のところ
面白くなかった
ですしね
身軽はいいにしろ
あと……
世界は広いのに
なんで小さい
画面ばかり
見てるん
だろうって
思えてきちゃって
これからは
スマホなくても
いいなー
なんて思ったりも
してます
旅したほうがいいから
はー
えー…
でもるってぃさん
みたいな発信者は
SNSも広告とか
仕事のひとつ
ですよね
スマホなしで？
PCだけ？
僕フォロー0人
なんで
アウトプットは
しているんですが
SNSでインプットは
してないっス！

コメントとか
よくわかんなくて
必要以上に
攻撃的なリプとか
自分の
人生にとって
なくていいものは
極力排除して
いきたいんです
なるほど…
だからあの
スマホ画面に
反映されてるのかな
ギュッと
詰まってるより
スッキリ
してると
心地いいか
スマホって、人の暮らしを
よりラクにしてくれる
ツールである一方
中毒性もあったり
不幸なツールにも
なり得ますからね
これからは
バランスのとれた
スマホとの
付き合い方に
価値が見出されて
いくのではと…
ご老人はもっと
スマホを使い
こなしたほうが
いいし、
若い人は
使いすぎかなと
思います

僕も時々
「スマホを食事中に見ないようにする」とか決めて
距離をおいたりします
思いあたる節が…
僕はスマホ画面から
世界を見ることができる時代だからこそ
実際に自分が行って
体験すること
そして人に会うことが
今後ますます大切に
なってくるん
じゃないかと思います
だから
より自由に旅が
できるような
システムが
スマホでできたり
したらいいな
って妄想してます
システムですか？

たとえば
自分の体のサイズや
視力とか健康データ
使いたい荷物を
クラウド上に
アップして
行き先を
タップして
宿に到着したら
クローゼットに
一式そろって
置いてあるとかね
171cm
すぐ仕事できる
なるほどー
それいいなぁ
!!
好きに
旅しながら
暮らして
仕事も
できます
なぁ…
会社は
いらなく
なったり
して…
自由でいるための
ツールならば
どんどん
活用したいけど
これが窮屈さ
になるなら
いっそ捨ててもいい
って感じですよね

スマホに
縛られすぎる必要なんか
ないんだよなぁ
そりゃそうよね
ツールだもんね
侵略すんなよ
？
自宅
いやしかし
るってぃさん
10円ハゲできるまで
自由の意味を自問自答
するって……
自由はつらいっスゆ
でもぼくは
それでありたいっス
堀口さんも飯島さんも
〝自分にとって〟のスマホ
をしっかり考えながら
使ってた
池澤さんも五十嵐さんも

・・・
私って
どんな人間で
どんな暮らしを
したいん
だろう？
ん？
何か手伝う？
もしかして
スマホって
……

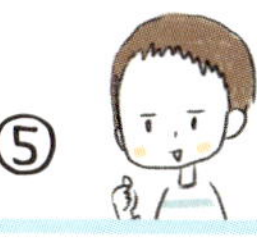

「5G」で何が変わる!?

2020年から始まる社会を革新させるテクノロジー

スマホやPCに限らず、身の回りのモノがインターネットに接続されるようになり（IoT=Internet of Things）、通信インフラの重要性が高まる昨今。未来の暮らしを支えるための通信システムが、第５世代移動通信＝５Ｇです。2020年、通信各社が5Gサービスをスタートします。

高速大容量&低遅延が5Gのキーワード

最大100倍、具体的には、「2時間の映画を3秒でダウンロードできる」など、今までとは比べものにならないくらい超高速なデータ通信が実現します。また、データの送受信に遅延がなくなり、ロボット操作や自動車運転など、タイムラグのないオペレーションが可能に。同時に膨大な数の端末と同時接続でき、本格的なスマートホームが整備されていく基盤ができ上がります！

4Gに対し、5Gは使われてないルートを増やして高速化させるイメージ！

理想の未来が目の前にやってくる

多接続と低遅延によって、ドローンや自動配達ロボットによる配達が進化し、距離や時間を気にすることなく、ストレスフリーで商品を受け取れる未来がやってきます。また、超高画質のVR視聴ができ、今までにないスポーツの観戦体験などが可能に。お店に行かずにショッピングができたり、ライフスタイル、働き方まで大きく変わっていきます。

最終章　スマホとわたし

ピピピピ
♫♪♪
んっー
のび
本日27°晴れです
もぞ
もぞ
カンペキ!!
じゃーん
スマホで忘れものチェックも完了!!
久しぶりに天気もいいみたいだし
急遽ひとりになっちゃったけど日帰りハイキングだ!

よし
電車間に合う
行ってきま〜す
念のため、山地図も
ダウンロード
しておいたけど
アナログMAPと
コンパスも
必須よね
あっ!!
エアコン切り
忘れてたかな？
オフに
してっと
さて、先も長いし
ダウンロードしてた
映画でも
見ようかなー
でも…
すごい晴れてるし
景色を眺めつつ
音楽でも聞こーっと
ガタン
ゴトン

数日前
どうだった？先輩たちに見せてもらったスマホのなかみ
ハハハ
勉強になっただろ？
……
ハハハハ
前座っていいかな
ハイ
えっなんだよ
見せなさいよスマホのなかみ
絶対やだ
ガッ
自分だけ見せないなんてちょっとズルいんじゃないの〜

みんなのスマホの使い方を教えてもらってそれぞれスマホとの付き合い方をみてきたけど
ホント千差万別十人十色だった！なんかーまるでさ
スマホって、自分の姿を映し出す〝鏡〟みたいなものなんじゃないかなって
お、急に語り出した
変なもん食った？
まぁ聞いて
自分の「こうなりたい」をサポートしてくれるものでもありエンタメでもあり……
マルチに使えるスマホだからこそ

外から見たら
一見なにも
変わらなくても
じつは一人ひとり
まったく違う
個性や考え方がある
大学合格に
向けて
英語
勉強中
今夜何
作ろうかな
週末どこいこう
かな〜
自分の人生にとって
得するスマホにするのも
損するスマホに
するのも……
結局はその人自身
ってことに
気づいているようで
無自覚だった

まぁ、つまり…
そんなとこかな
近すぎて当たり前すぎて
深く考えたこと
なかったから
よかったよ
…
ふーん
というわけで
バッ
顔認証
よっしゃ
やった
ゲットー
!!
いつのまに、
ふーむ
どれどれ
お前さんの性格は…

……
：：
……
なんだよ！
なんか言えよ
フッ
偉そうに言ってたわりにフツーだった
ムキー
返す
パッ
あとなんかお出かけアプリ多いねー
……
ま、まぁな!!
趣味なの？意外し
ごめんごめん からかった
さ、座って仕事しよっ
!!
お、おう!!
どうしたの？なんかへんー

ピロン
！
もうついた？
つまら～ん
あいつから
これから登るよっと
ピロン
送信
レスはやっ
あー!! いいね
下山にいい
温泉あるよ
所在地
●●県△△
郡○○3-2-1
ありがと
おー、いい情報！
あいつのスマホのなかみ見て気づいたけど
意外に…
アクティブなところあるんだな
先日、あのあと
山も好きなんだー
いいなー
連れてってよー
アプリいっぱいあったじゃーん
えっ!?
ビク
別に構わんが
結局風邪で来れず
あいつ旅行マニアとかなのかっ
ま、いいけど
えーと地図地図
あった!!
あとスマホは
GPSはデジタル時計についてるから
コンパスももった!!
今回は……

オフ
パッ
ニコッ
…
さてと!!
行くかな
スマホって
もしかして
ハァ
ハァ

新しいスマホが発売されて
ニュースになってるけど…
この先もっともっと便利になって
手元ひとつ、声ひとつで
スマートな生活に
なっていくんだろうな
ハァ
ハァ
でも！ だからこそ
100m
スマホに吸い込まれて
しまわないように
自分と向き合って
イケン
ポヘー
イケン
イケン
あれ？
何が正しいんだっけ
バランスと距離を
ちょうどよく
保っていこう
ハァッ

どーーーん!!
着いたーーー
カシャッ
新しいことにチャレンジすると
まぁ、でも……この早すぎる時代の流れにもある程度ついていかなきゃならないんだけど
スーッと
スマホ、スマホ
楽しいことや感動もたくさんあるし
無事ピークハント
うぉー!! お疲れ!

これからも
よろしく頼むよ
スマホさん！
てきどにな
♫
というわけで
今日はふたたび
電源オフ!!
下山したし
サラバ友よ
情報シャットアウト
さぁ、温泉行くかな
あいつにも
お土産
買って
こーっと
うぅ…俺も
山行きたかった
イザというときのために
お出かけ系アプリで調べ
まくったのにー
ゴホ
ゴホッ
初デートが〜(涙)

おわりに

　最後まで、読んでいただき本当にありがとうございました。
「スマホ」というとても難しい題材の依頼をもらったときから〝スマホと暮らし〟に対して、毎日頭を悩ます日々がはじまりました。
　マルチなツールであるスマホの便利な機能を「誰が、どう選び、何を選択するのか」……。
　人を知ることで、スマホに対しての考えや使い方の新しい発見があるのではないかという考えから、多くの方にご協力をいただきこのマンガができました。
「スマホがこう便利！」（もちろん参考になることもたくさんありましたが）というよりも「スマホを使って（もしくは上手に疑って）自分にとってよりよい未来にしていく人たちの考え方」に着目

したことで、読者の皆さまに得た答えが少しでもあればうれしいです。

最終的に主人公が選んだスマホとの付き合い方は、わたしの答えでもあります。その答えは、人それぞれにあるのだからこれが正解というのはありません。

この本を作るにあたってご協力していただいた、堀口さん、飯島さん、池澤さん、五十嵐さん、るってぃさん、本当にありがとうございました。また、あーでもないこーでもないと悩むわたしに付き合っていただき最後まで根気よく一緒に考えてくれた編集者の和田さん、出版を許可してくれたマガジンハウス様、本当にありがとうございました。

そして、この本を手にとってくれた皆さまに、厚く御礼を申し上げます。

こいしゆうか

こいしゆうか
イラストレーター、エッセイ漫画家。また、キャンプコーディネーターとしてオリジナルテント開発や、ラジオ、テレビ出演など活動している。著書に『カメラはじめます！』『私でもスパイスカレー作れました！』（ともにサンクチュアリ出版）、『Let's ゆるポタライフ』（山と渓谷社）などがある。
Twitter @koipanda

ブックデザイン　辻中浩一＋小池万友美（ウフ）

スマホ使いこなしてる？

2019年10月31日　第1刷発行

著　者　こいしゆうか
発行者　鉄尾周一
発行所　株式会社マガジンハウス
〒104-8003　東京都中央区銀座3-13-10
書籍編集部　☎03-3545-7030
受注センター　☎049-275-1811

印刷・製本　凸版印刷株式会社

ISBN978-4-8387-3073-5 C2055

マガジンハウスのホームページ
http://magazineworld.jp/